QUELQUES RÉFLEXIONS

SUR LE

CLIMAT DU LITTORAL MÉDITERRANÉEN

PAR

Le Dr Maurice de LANGENHAGEN

Médecin consultant
à Cannes et à Plombières

AF336959

QUELQUES RÉFLEXIONS

SUR LE

CLIMAT DU LITTORAL MÉDITERRANÉEN

(Communication faite à la Société de médecine de Nancy,
dans sa séance du 11 novembre 1896.)

Par le Dr Maurice de LANGENHAGEN

Messieurs,

Je désire vous entretenir pendant quelques instants du climat du littoral méditerranéen, des facteurs principaux qui le caractérisent, des avantages et des inconvénients qu'il présente, et enfin de la vie que mènent les malades dans le Midi et de l'hygiène qu'ils y suivent.

1° De la température. — L'un des plus importants de ces facteurs est à coup sûr la température. Je vous demanderai cependant la permission d'être bref sur ce point, parce que c'est là un sujet qui a été longuement traité dans toutes les monographies qu'ont fait paraître les divers médecins du littoral, — et aussi parce que les différentes moyennes ou tables qu'on a publiées ne concordent pas toujours entre elles, et même, pourrais-je ajouter, n'ont pas une signification suffisamment nette. Ce qui vaut mieux, je crois, en pareil cas, que les chiffres et les statistiques, qui varient souvent avec les observateurs, c'est le commentaire qu'on en fait, c'est l'impression qu'on a ressentie soi-même en habitant un pays, et qu'il importe de traduire clairement de manière à donner une idée générale du climat de ce pays. Voici pourtant, pour fixer les idées, un tableau que j'emprunte au livre du Dr de Valcourt sur « Cannes et son climat ». De 1865 à 1868, le thermomètre à l'ombre a donné, dans cette station, les températures suivantes :

	Novembre	Décembre	Janvier	Février	Mars	Avril
Minimum nuit.........	7.0	4.0	3.9	5.7	5.9	8.2
9 heures matin........	13.6	9.0	8.7	11.9	12.9	15.6
11 heures matin,.......	15.6	12.6	11.5	9.6	13,9	13.5
Maximum.............	17.1	14.5	13.7	15.1	16.1	18.8
Moyenne 24 heures....	12.1	9.2	8.9	10.6	11.0	13.6
Minimum absolu.......	—0.4	—0.6	—2.7	1.7	—0.6	3.5
Maximum absolu......	22.0	20.6	18.6	21.0	21.6	24.0

D'autres observateurs ont publié des chiffres plus ou moins analogues se rapportant à d'autres stations du littoral.

Si on prend la moyenne de ces différentes moyennes, on trouve en définitive que la température moyenne des mois d'hiver peut être évaluée à 10°2 ; en janvier, le mois le plus froid, elle est de 8 à 9° ; au printemps de 17°,9 ; en été de 22°,3, et en automne de 13°,9.

Cette douceur habituelle de la température explique comment il est possible d'habituer les malades à pratiquer l'aération continue, en particulier pendant la nuit.

Il est très rare qu'il neige ou qu'il gèle sur le littoral. L'hiver dernier, qui a été, il faut le dire, remarquablement doux, il n'a pas gelé une seule fois, et il n'est pas tombé de neige. Au contraire, dans le cours de l'hiver précédent (1894-1895), qui avait été particulièrement rigoureux, il y avait eu une chute de neige qui avait duré la moitié d'une journée, et chose tout à fait exceptionnelle qu'on n'avait pas vue depuis 40 ans, la neige avait séjourné sur le sol pendant plusieurs jours. D'habitude, quand il tombe de la neige, elle fond en touchant le sol, ou en tout cas elle ne demeure pas plus d'une demi-journée, les rayons du soleil ayant tôt fait d'en effacer les traces.

La pluie est relativement rare. En dehors des pluies, assez abondantes et régulières, de l'automne et du printemps, on peut évaluer à 3 ou 4 le nombre des jours de pluie par mois, et à autant le nombre des jours couverts. L'hiver dernier, depuis la Noël jusqu'au mois d'avril, il n'est pas tombé d'eau. La journée normale du Midi, c'est le ciel pur, sans nuages, avec vent plus ou moins fort.

Cela m'amène à vous parler d'un des phénomènes les plus caractéristiques du Midi, celui que je désire surtout étudier avec vous, le régime des vents.

2° DU VENT. — On peut dire que le Midi, et je ne veux pas dire ici seulement le littoral, mais tout le pays situé au sud de la Loire, est le royaume du vent. Il faut avoir habité ces contrées pour se faire une idée de la fréquence et de l'intensité de ces vents qui prennent des noms différents suivant les régions, mistral dans la vallée du Rhône et les pays voisins, vent d'autan dans la plaine de Toulouse, etc... Sur le littoral, il y a lutte entre deux vents principaux, le mistral qui balaie les nuages et donne une pureté particulière au ciel, et le vent d'est qui, au contraire, amène les nuages et la pluie. Analysons d'un peu plus près ces deux vents :

Le mistral est un vent qui prend naissance dans la vallée du Rhône, un peu au-dessous de Lyon. Il parcourt cette vallée orientée du Nord au Sud, et, dans ce couloir étroit bordé par deux chaînes relativement élevées, les Cévennes d'un côté et les Alpes du Dauphiné de l'autre, il se renforce et acquiert une violence souvent considérable. À peu près au niveau d'Avignon, il se divise en trois courants secondaires : l'un qui continue la direction primitive du Nord au Sud et débouche sur Marseille et la Méditerranée ; un deuxième, qui se dévie vers la droite et va exercer ses ravages du côté de Nîmes, Montpellier et jusqu'à Perpignan ; enfin un troisième courant qui se dévie vers la gauche, enfile les vallées étroites et les gorges des Alpes du Dauphiné, et vient déboucher sur le littoral à peu près au niveau de Toulon. Tout de suite après Toulon, le mistral, devenu vent du Nord-Ouest, rencontre une plaine où se trouvent Hyères et Saint-Raphaël, qui lui sont exposées presque sans défense, lorsqu'il souffle avec une moyenne intensité. Puis se dresse une première barrière, presque toujours efficace, sauf les cas exceptionnels, et qui est constituée par les monts de l'Estérel.

Ce massif, isolé sur le bord de la mer, de formation grani-
tique antérieure à celle des terrains voisins, prend naissance
sur le rivage et se dirige perpendiculairement vers la chaîne des
Alpes-Maritimes à laquelle il se relie aux environs de Grasse,
formant un véritable écran entre la vallée de l'Argens et la
plaine de Cannes. Derrière cet écran se trouvent Cannes et les
stations voisines de Vallauris, Golfe-Juan et Antibes. Après
Cannes, les Alpes-Maritimes qui formaient un hémicycle assez
éloigné (15 à 20 kilomètres) de la côte s'en rapprochent peu
à peu et se confondent avec elle à partir de Nice jusqu'à la
frontière italienne.

Il est aisé de comprendre, d'après cette courte description
orographique, que l'Estérel d'abord, puis la chaîne des
Alpes-Maritimes elles-mêmes à partir de Nice, opposent des
obstacles de plus en plus puisssants au mistral, et qu'il fait
par conséquent de moins en moins sentir son action à
mesure qu'on s'avance vers l'Est. Ordinairement, il ne
dépasse pas Toulon ; un peu plus étendu, il souffle dans la
vallée d'Hyères, et dans celle de l'Argens jusqu'à Fréjus et
Saint-Raphaël. Rarement, sept ou huit fois par hiver environ,
il franchit l'Estérel et sévit jusqu'à Cannes et Nice. Enfin,
tout à fait exceptionnellement, il arrive jusqu'à Beaulieu,
Monaco et Menton, qui sont sans contredit les stations les
mieux abritées du littoral.

Le mistral a des propriétés particulières. C'est un vent
extrêmement sec, fort, régulier, accompagné de poussière ;
il coïncide toujours avec un ciel pur, un soleil radieux et
chaud, une coloration spéciale, bleu foncé, de la mer, une
transparence excessive de l'atmosphère. Quoiqu'il fatigue
quelquefois les malades, et prédispose certains d'entre eux
aux congestions, on peut dire cependant que c'est un vent
sain, en ce qu'il purifie l'atmosphère et balaie les miasmes.
Du reste il est assez facile de s'en garantir, car, en raison de
sa continuité et de la constance de sa direction, il ne con-
tourne pas les obstacles, et une personne à l'abri derrière un
mur ou un rideau d'arbres, dans un jardin, l'entendra faire
rage au-dessus de sa tête et ne le sentira nullement.

Le deuxième vent dominant sur le littoral méditerranéen

est le vent d'Est : moins violent que le mistral, il est aussi
plus irrégulier, et souffle souvent par rafales ; il vient du
golfe de Gênes, et s'étant chargé d'humidité sur la vaste
étendue d'eau qu'il a traversée, il amène ordinairement des
nuages, quelquefois de la pluie. A l'inverse du mistral, dont
il est pour ainsi dire le contre-courant, il se fait de moins en
moins sentir à mesure qu'on s'avance vers l'ouest. La station
de Cannes est à peu près située à la limite d'action des deux
vents, et il n'est pas rare de les voir, depuis l'île Sainte-
Marguerite, située en face de la baie de Cannes, lutter l'un
contre l'autre et soulever les vagues en sens inverse dans la
rade ; puis, au bout d'un certain temps, l'un des deux finit
par l'emporter et par refouler l'autre. Les marins ont une
expression pittoresque et très juste pour exprimer ces différentes phases de la lutte du vent contre les obstacles ; lorsqu'ils voient la mer blanchir au large de l'Estérel, alors que
la rade de Cannes est calme, ils disent : le mistral est *à la
porte ;* et s'il a forcé la barrière, le mistral est *entré.*

Outre ces vents dominants, il faut tenir compte aussi des
brises de mer et de terre, courants aériens qui, comme dans
tous les pays maritimes, s'échangent entre la terre et la mer. Ils
sont tout à fait indépendants des vents, et se superposent à
eux à certaines heures régulières de la journée. Le matin,
vers 11 h. 1/2, il s'élève une brise de la mer vers la terre ;
elle souffle jusque vers 2 heures, puis s'atténue et disparaît.
De même, après le coucher du soleil, apparaît un courant en
sens inverse, de la terre vers la mer. Il faut bien connaître
toutes ces particularités, de manière à régler en conséquence
les sorties des malades.

3° DU SOLEIL. — Outre l'action bienfaisante, calorifique,
propre au soleil, il faut encore, je crois, tenir grand compte
de ses propriétés désinfectantes et même antiseptiques. On
sait en effet que Strauss a établi, par des expériences rigoureuses, que les bacilles tuberculeux, exposés à l'action des
rayons solaires, perdent leur virulence au bout d'une demi-
heure et deviennent absolument inoffensifs. Or, le soleil règne
en maître, et en maître souvent despotique sur toute la Pro-
vence ; il inonde les places, les promenades; on ne peut, hélas !

et ne pourra de longtemps, à moins d'édicter une loi spéciale
à ce sujet, empêcher les malades de cracher par terre; mais
ces crachats ne tardent pas à être stérilisés en quelque sorte
par la radiation solaire; de même les hôtels, les villas, les
appartements (où l'usage du crachoir est, du reste, rigoureusement suivi), sont tous exposés en plein midi, et soumis,
pendant l'été, à des chaleurs souvent torrides. Il faut encore
remarquer que la plupart des propriétaires des villas de
Menton ou de Cannes viennent habiter ces villas en été, une
fois les étrangers partis, et, par cela même, assurent leur
aération et leur assainissement; et, si le Midi était un foyer
d'infection aussi dangereux qu'on se plaît à l'affirmer dans
certains milieux, ne verrait-on pas ces familles, qui succèdent
à des personnes malades dans les mêmes locaux, être frappées
les premières? En réalité, les chances d'infection sont les
mêmes dans le Midi que partout ailleurs, ni plus considé-
rables, ni moins grandes; s'il y a plus de malades que dans
les centres habituels de population, ils sont beaucoup plus
disséminés, beaucoup moins accumulés que dans les sanatoria, et le soleil de ces pays exerce son action avec une
activité et une intensité qu'on ne rencontre pas ailleurs.
C'est, je crois, rendre hommage à la raison et au bon sens,
que de proclamer ces vérités, d'apparence banale peut-être,
et pourtant trop souvent méconnues.

4° DES TRANSITIONS DE TEMPÉRATURE. — Un des éléments
qui contribuent le plus à donner au climat du Midi son
cachet spécial, ce sont les variations de température ou
plutôt les transitions brusques qu'on ressent quand on passe
du soleil à l'ombre. Toutes les personnes qui ont visité les
stations du littoral ont remarqué qu'au moment où le soleil
se couche on éprouve une sensation de refroidissement très
désagréable, et d'autant plus marquée que la journée a été
plus belle, le ciel plus pur. Chose curieuse, si on relève avec
soin les observations thermométriques à ce moment, on
constate que la colonne mercurielle baisse à peine d'un ou
deux degrés. Mais il se produit, à cet instant précis, une
condensation de la vapeur d'eau qui était maintenue en
suspension dans l'atmosphère par l'ardeur du soleil; cette

vapeur d'eau se dépose instantanément, jusqu'à mouiller quelquefois le sol, et l'humidité qui en résulte est assez pénétrante pour donner une impression très prononcée de froid. Mais ce n'est pas là la seule cause qu'il faille invoquer dans l'interprétation de ce phénomène. Comment expliquer, sans cela, qu'on ait la même impression pénible dès qu'on passe, à n'importe quelle heure de la journée, d'un endroit ensoleillé à un endroit situé à l'ombre, et qu'il y ait entre ces deux endroits des différences parfois de 30 et 35° (1) ? Cela tient, je crois, à ce que le soleil, en hiver dans le Midi, réchauffe surtout par rayonnement, bien plus que par action directe. Je comparerais assez volontiers son pouvoir calorifique à celui d'une cheminée dans une chambre : tant que le foyer de la cheminée brille, il fait chaud ; mettez un écran devant la cheminée, immédiatemert le froid se fait sentir dans la pièce. De même, dans le Midi, dès que le soleil est caché, il fait froid; toutes les parties de l'atmosphère qui ne sont pas soumises au rayonnement solaire restent froides et rendent d'autant plus sensible la différence avec les parties ensoleillées. Quoi qu'il en soit, cette différence existe, et il faut avouer que cette perpétuelle succession de coups de froid et de coups de chaud, si je puis ainsi parler, peut être très préjudiciable aux malades, s'ils n'en sont pas avertis et s'ils ne cherchent pas par tous les moyens à s'en préserver.

5° Air marin. — Je ne crois pas que l'air marin ait sur beaucoup de malades l'influence fâcheuse que certains médecins redoutent à tort. Sans doute il est des tempéraments particulièrement excitables chez lesquels il provoque de l'éréthisme et peut-être des poussées congestives. Mais je crois que c'est là l'exception ; la plupart des médecins du littoral en sont arrivés, après une observation consciencieuse, à tolérer le séjour de l'immense majorité des tuberculeux sur le bord même de la mer ; et ne savons-nous pas que les voyages au long cours ont été recommandés par des phtisio-

(1) Voici, prises au hasard dans les relevés du Dr de Valcourt, les températures maxima à l'ombre et au soleil, du 10 janvier 1880 ; 14°4 à l'ombre, 48° au soleil.

logues éminents comme l'un des moyens les plus propres à assurer la guérison de la tuberculose ? Mais, je le répète, toute règle a ses exceptions, et j'ai observé l'année dernière un malade qui, très nettement, faisait une petite poussée congestive chaque fois qu'il s'était exposé trop directement et trop longuement à l'air de la mer. Hors ces cas individuels, on peut dire que l'air marin, par les brises salubres qu'il apporte du large et ses propriétés toniques spéciales, exerce sur l'organisme une action vivifiante qui se traduit souvent par une restauration des fonctions de l'estomac et une reprise de l'alimentation.

En somme, vous le voyez, Messieurs, le climat du littoral méditerranéen a, comme tous les autres, ses avantages et ses inconvénients. Il est inutile de vouloir se dissimuler ces derniers ; il faut, au contraire, les bien connaître afin de les atténuer et de les réduire au minimum ; avec des précautions et un peu de volonté, on y arrive facilement. Ainsi, pour se préserver du vent, il faut sortir à certaines heures de la journée, il faut surtout faire choix, pour sa promenade, de routes abritées, apprendre à connaître les vallons, les plis de terrain qui, exposés à un vent donné, sont au contraire très bien protégés contre le vent antagoniste, varier, par conséquent, ses promenades suivant le vent qui souffle. De même, pour éviter les brusques transitions de température, les malades doivent s'astreindre à rentrer avant le coucher du soleil ; ils doivent s'abstenir de passer dans les rues froides, situées à l'ombre, diriger de préférence leurs promenades vers la campagne, dans des lieux ensoleillés ; une bonne précaution consiste à se munir, à l'exemple des Anglais, de plaids ou châles qu'on endosse chaque fois qu'on passe à l'ombre et qu'on ôte dès qu'on revient au soleil. Il y a là toute une étude à faire, tout un ensemble de petits détails à connaître, de préceptes à observer. Le médecin soigneux et minutieux devra attacher une grande importance à ces multiples précautions, et dresser pour ainsi dire ses malades à en comprendre la nécessité et à s'y conformer. Lorsque leur éducation sera faite, ils éviteront la plupart des inconvénients du Midi, et pourront dès lors s'assurer pleinement le bénéfice des avantages incontestables de ce climat, dont les principaux sont la douceur de la température qui permet l'aération continue, l'action bienfaisante du soleil, et enfin la stimulation produite dans la majorité des cas par l'air marin.

En résumé, le climat du Midi n'a pas d'action spéciale par lui-même sur la tuberculose ; mais il permet d'appliquer rigoureusement les préceptes d'hygiène qui, de l'aveu de tous, dominent le traitement de cette maladie.

Journée du malade dans le Midi. — Il faut faire une distinction entre les malades apyrétiques et les fébricitants. Pour ces derniers, de plus en plus s'établit l'usage de la cure de repos, qui, convenablement pratiquée, est le meilleur moyen de faire tomber la fièvre. Le Midi se prête merveilleusement à cette méthode : à tous les hôtels, à chaque villa sont annexés de magnifiques jardins, pourvus de fauteuils, chaises-longues en osier, et souvent de cabanes-abris individuelles ou collectives, montées sur roulettes ou fixes, dans lesquelles les malades peuvent s'étendre et faire à loisir la cure d'air telle qu'elle est pratiquée dans certaines stations de montagne et dans les sanatoria. Lorsqu'une complication exige le séjour au lit, les fenêtres sont laissées largement ouvertes, de manière à faire entrer à flots la lumière, l'air et le soleil.

Les malades non fébricitants sortent après leur premier déjeûner et font une première promenade assez longue au soleil, en ayant soin de se garantir la tête et les épaules au moyen d'une ombrelle, jusque vers 11 heures 1/2, moment où la brise de mer, ainsi que nous l'avons vu, commence à se faire sentir.

L'après-midi, nouvelle promenade, plus courte, entre 2 heures 1/2 et le coucher du soleil ; par prudence, il vaut même mieux rentrer une demi-heure avant ce moment dangereux ; les fenêtres de l'appartement, qui avaient été tenues largement ouvertes pendant la journée, sont alors fermées ; une heure environ après le coucher du soleil, on peut les rouvrir en tenant les volets clos, et il est bon de faire un feu de cheminée, qui contribue à la ventilation de la pièce ; enfin,

le malade couché, on laisse également les fenêtres ouvertes
toute la nuit.

Telles sont les principales règles que devra suivre le
malade. Ajoutez-y le bon fonctionnement de la peau, les
frictions sèches ou alcoolisées, les principes posés par les
auteurs pour l'alimentation, etc... Vous le voyez, Messieurs,
ce sont là les pratiques usitées dans les sanatoria. C'est qu'en
effet on peut fort bien, si je puis employer cette expression,
faire sanatorium chez soi; rien ne nous empêche de nous
approprier les méthodes que ces établissements ont eu, il
faut le reconnaître, le mérite de mettre en honneur, et de les
appliquer individuellement avec toute la rigueur désirable.
Est-il donc absolument nécessaire que les malades soient
réunis en troupe et agglomérés, pour qu'on leur impose un
certain genre de vie et une certaine discipline? Du reste la
méthode ne vaut que par la façon dont on l'applique et par
celui qui l'applique. Tant vaut le médecin qui dirige le sanatorium, et tant vaut le sanatorium lui-même, peut-on dire;
ainsi il est certain que Dettweiler obtient à Falkenstein des
résultats bien meilleurs que partout ailleurs, parce qu'il est
sévère, rigoureux et qu'il possède, paraît-il, un ascendant et
un prestige incomparables vis-à-vis des malades. De même,
dans le Midi, un médecin énergique, avisé, minutieux, qui
aura su prendre assez d'autorité sur ses malades pour les
obliger à observer toutes les précautions et les menus
détails sur lesquels j'ai insisté, comptera bien plus de succès
à son actif qu'un praticien mou, indolent, qui permet aux
patients de se traiter suivant leurs caprices et leur fantaisie.

Les sanatoria, au surplus, ne sont pas exempts d'inconvénients. J'ai indiqué tout à l'heure quels étaient les défauts
des climats méridionaux; voyons, si vous le voulez, quels
sont ceux des sanatoria, défauts réels et qu'il faut avoir le
courage de signaler. Tout d'abord un certain nombre de
personnes, qui n'ont pas un moral à toute épreuve, ne
peuvent se faire à la vie du sanatorium; entourés uniquement
de malades, quelquefois de mourants, ils font de tristes
réflexions, et bientôt s'ennuient tellement qu'ils quittent
l'établissement. En second lieu, je crois que les dangers

de réinfection pour les malades, d'infection pour les personnes
saines qui peuvent les accompagner, sont beaucoup plus
grands qu'on ne le dit. J'ai exprimé tout à l'heure l'opinion
que ce reproche de contagion avait été beaucoup exagéré
pour le Midi, où on rencontre plus d'hivernants bien
portants que de malades, et où tout ce monde est dispersé
sur une surface considérable ; je serais au contraire disposé à
l'admettre, dans une certaine mesure, pour les sanatoria, où
les tuberculeux sont tous accumulés sur un petit espace, et où
par conséquent le pouvoir infectant est en quelque sorte porté
à son maximum.

Je sais bien qu'on nous dit que les mesures de désinfection
les plus rigoureuses sont prises, que les crachoirs sont l'objet
d'une surveillance constante, que les planchers et les murailles
sont lavés tous les jours, qu'il est défendu aux malades de
cracher par terre sous peine de renvoi immédiat. Je sais tout
cela, et cependant je reste un peu sceptique, persuadé qu'en
pareille matière il y a loin de la théorie à la pratique. Nous ne
devons pas, sur ce point capital, nous en rapporter uniquement aux affirmations des médecins des sanatoria ; nous ne
devons même pas nous fier absolument aux rapports de
ceux de nos confrères qui ont parcouru, en mission officielle
ou privée, les établissements d'Outre-Rhin ; lorsqu'une visite
pareille est annoncée, et tant qu'elle dure, il est évident que
le zèle du personnel se trouve singulièrement stimulé, que
les poussières sont impitoyablement pourchassées, les crachoirs dûment nettoyés et appropriés, et, qu'en général toutes
les précautions prescrites par le règlement et trop souvent
négligées dans la vie journalière, sont observées à la lettre.
Mais après... ? Ce qui importe, en pareil cas, c'est la pratique
courante de tous les jours, et non une inspection accidentelle. Or, personne ne peut mieux nous renseigner à cet
égard que les malades qui ont séjourné dans ces établissements ;
interrogez-les, ils vous répondront qu'un sanatorium est tenu
comme un hôtel ; « moins bien, me disait l'un d'eux, qu'un
bon hôtel de 1re classe » ; ce même malade m'a dit encore
avoir vu de ses yeux des crachoirs être renversés, sans qu'on
s'en occupât et qu'on songeât à faire une désinfection spéciale

du sol, ou des patients cracher à côté des crachoirs, sans que cette infraction eût le moins du monde entraîné leur exclusion, ni même une réprimande.

Il y a donc, là comme partout, des accommodements avec l'antisepsie théorique, et je me demande précisément si ces accommodements ne sont pas plus dangereux au milieu d'une pareille réunion de tuberculeux qu'ailleurs. En tout cas, je n'oserais, pour ma part, prendre la responsabilité de conseiller à un malade d'emmener sa famille et surtout des enfants dans un sanatorium.

Il y a encore un côté de la question qu'on peut indiquer, sans trop y insister, c'est que, dans un sanatorium, le médecin n'est pas tout à fait libre ; il y a, à côté de lui, des actionnaires, un conseil d'administration, un gérant ou maître d'hôtel qui, forcément et malgré le médecin, impriment à l'entreprise un caractère beaucoup trop commercial, qui va quelquefois, disons-le franchement, jusqu'à l'exploitation du malade.

Enfin, pour ce qui est des résultats brillants qui ont été publiés, il faut savoir que certains de ces établissements, pour pouvoir produire des statistiques favorables, refusent impitoyablement les cas graves, qui vont alors grossir le contingent des décès ailleurs. Il faut remarquer aussi que l'on confond trop souvent dans l'appréciation des résultats obtenus dans les sanatoria, les effets curatifs imputables à l'altitude ou au climat où est placé le sanatorium, avec ceux qui sont dûs à la méthode ou au traitement employés. Il est nécessaire de séparer ces deux éléments du problème, si on veut faire des comparaisons équitables et fructueuses. Or, si on a confiance dans un climat donné, on peut en assurer le bénéfice aux tuberculeux sans les condamner nécessairement à être parqués, et il est certain, pour prendre un exemple, que les partisans des climats d'altitude trouveront tout autant de satisfaction à envoyer leurs malades à Davos, où ils vivent dans des villas ou des hôtels (1), qu'à Leysin. Quant à la méthode,

---

(1) Il n'existe à Davos qu'un seul établissement fermé, assez petit, celui du Dr Turban.

tout en étant reconnaissant aux médecins des sanatoria et en particulier à Dettweiler de nous l'avoir fait connaître, on peut l'appliquer partout individuellement.

Ce n'est pas à dire que je condamne les sanatoria ni que je demande leur disparition. Je n'ai nullement eu en vue de faire leur procès ; j'ai simplement voulu montrer qu'ils ont, eux aussi et comme toute chose ici-bas, leurs imperfections et leurs côtés faibles ; j'ai voulu réagir contre l'engouement excessif de certains médecins qui les considèrent comme une panacée et ne voient pas de salut en dehors d'eux ; et, puisqu'il n'y a pas de place dans les sanatoria pour tous les malades, j'ai voulu indiquer que rien n'est plus facile que de leur emprunter ce qu'ils ont de bon, tout en échappant aux défectuosités que j'ai signalées.

Ce qui est vrai, c'est que les tuberculeux guérissent ou au au moins peuvent guérir partout, à la campagne comme dans les climats d'altitude, dans les sanatoria comme par le traitetement individuel, dans le Midi de la France comme en Algérie, au Caire ou à Madère. Je crois sincèrement à l'utilité de ces divers moyens pour combattre la tuberculose, et nous n'aurons jamais trop d'armes contre elle ; encore ne faut-il pas rejeter quelques-unes de ces armes pour accorder sa confiance exclusive à d'autres ; chacune d'entre elles a ses avantages, et probablement aussi ses indications. Mais, ces indications, il faut avouer que nous ne savons pas encore très bien les démêler, et qu'il manque, jusqu'à présent, le criterium si désirable qui permettrait de dire à coup sûr : Tel malade doit être envoyé dans les montagnes, tel autre dans le Midi, celui-ci à la mer, celui-là sur les hauteurs. Chaque fois qu'on a tenté d'établir ce criterium en se fondant soit sur la forme de la maladie, soit sur le tempérament du malade, on s'est trompé, et tous les praticiens ont vu des tuberculeux, qui avaient été déclarés justiciables de tel ou tel climat, ne pas s'y améliorer ou même s'y aggraver, alors que d'autres qu'on considérait comme perdus et qu'on avait envoyés dans une station en désespoir de cause, en revenaient guéris. C'est que la tuberculose est une maladie essentiellement protéiforme, qu'elle échappe à toute loi, à toute règle générale, que ce qui est vrai pour un malade ne l'est pas pour le voisin de même tempérament et de même apparence morbide. Rien n'est plus déconcertant que le pronostic de cette maladie, rien n'est plus difficile que sa thérapeutique, aussi bien pharmaceutique que climatologique; elle doit être - cette thérapeutique — infiniment souple, variée, opportuniste, se garder de tout parti-pris, s'inspirer des circonstances bien plus que des idées préconçues, tout mettre à contribution et ne rien rejeter *à priori* (1). Et pour en revenir à la question du choix du climat, le plus sage, en l'absence du criterium qui nous fait défaut et que nous appelons de nos vœux, est de tâtonner : essayer d'abord d'un climat, s'y tenir si on en obtient de bons effets, ou si au contraire les résultats ne sont pas satisfaisants, passer à un autre. C'est une thérapeutique modeste, sans prétention, mais c'est la seule qu'autorise l'état actuel de nos connaissances sur ce point si difficile et pourtant capital du traitement de la tuberculose.

---

(1) Un phtisiologue des plus distingués m'a rapporté récemment le fait suivant :

Une de ses malades, tuberculeuse au second degré, avait été, sans résultat, traitée pendant de longs mois suivant les principes, aujourd'hui universellement admis, de l'aération continue. Cette malade, qui s'était constamment plainte de ne pouvoir supporter ce traitement, ordinairement accepté sans difficultés, échappe à un moment donné à son médecin, se calfeutre tout un hiver dans sa chambre, en plein Paris, sans ouvrir les fenêtres, dans un air confiné... et guérit !... N'est-ce pas là un bel exemple des démentis infligés journellement par des faits isolés aux théories vraies en général ?

Extrait de la *Revue Médicale de l'Est* — 1896-1897.

Nancy. — Imp. Crépin-Leblond, 21, rue Saint-Dizier.

www.ingramcontent.com/pod-product-compliance
Lightning Source LLC
LaVergne TN
LVHW051037060726
842524LV00007B/2881